AF455447

PROJET

DE

CHEMIN DE FER

du

PECQ A POISSY,

Présenté au Gouvernement le 24 Avril 1837,

PAR

M. ANDRAUD.

PROJET

DE

CHEMIN DE FER

DU

PECQ A POISSY.

CHAPITRE PREMIER.

Considérations générales.

Parmi les nombreuses questions qui préoccupent les esprits à l'occasion des chemins de fer, sans contredit la question d'économie tient le premier rang; car elle appelle la discussion sur les principes élémentaires de leur construction, sous le rapport des pentes, des courbes, des passages des routes, et surtout de la double ou simple voie.

Les chemins de fer exécutés jusqu'à ce jour ont produit, à cet égard, d'utiles enseignemens : l'opinion de beaucoup d'hommes éclairés s'est déjà prononcée contre les chemins, où la perfection absolue n'est obtenue qu'au prix de dépenses disproportionnées avec les produits qu'on en doit attendre.

En effet, malgré leur position favorable, certains chemins de fer qui, disait-on, devaient créer un précieux spécimen d'exécution, et ouvrir une brillante carrière à l'industrie nouvelle, ont, au contraire, à cause de leur excessive cherté, contribué pour beaucoup au refroidissement du public financier pour ce genre de spéculations, et détourné les capitaux d'opérations si mal assises, qu'elles ont offert des différences monstrueuses entre les dépenses d'exécution et les devis primitifs.

Nous n'avons pas l'intention de faire, à propos du petit embranchement du Pecq à Poissy, la critique des *chemins de fer* déjà exécutés; mais pour épargner tout mécompte aux personnes qui voudront bien nous prêter leur appui, nous avons dû rechercher les causes de ces augmentations de dépense qui ont si cruellement démenti les devis.

Ces causes, nous avons cru les trouver dans le luxe d'exécution ; dans des pentes trop faibles ; dans des rayons de courbes trop grands ; dans l'inutile traversée des routes, par-dessus ou par-dessous la ligne de fer ; et enfin dans la double voie, là où une voie simple aurait suffi.

En ce qui touche les pentes, il est incontestable que le tracé le plus rationnellement économique devrait être établi de niveau, puisque les frais de traction y seraient réduits à leur minimum.

Mais il est évident aussi que cette économie disparaîtra et pourra même devenir l'occasion d'un surcroît inutile de dépenses si, pour l'obtenir, on se jette dans de ruineux bouleversemens de terrain. Au reste, il ne faut pas s'exagérer le désavantage des pentes ; car, si elles exigent, à la remonte, plus de frais de traction que les plans horizontaux, elles en demandent moins à la descente, à cause de la gravité qui vient en aide à la traction, et quelquefois la remplace totalement. Il est bon de remarquer que, si la pente incline dans le sens des transports les plus fréquens, au lieu d'être une occasion de dépense, elle devient une source d'économie; or, c'est le cas très favorable dans lequel se trouve le chemin qui fait l'objet du présent mémoire comme nous l'indiquerons plus loin.

A l'égard des courbes, il y a longtemps que l'administration, éclairée par l'expérience, est revenue de ses premières exigences : il a été reconnu que les courbes à rayon de 500 mètres présentent autant de garanties de sûreté que celles de 1,000 mètres, et n'exigent pas plus de force de traction ; car si le frottement y est plus considérable, il y dure moins longtemps. Or, dans certaines circonstances, l'adoption de la courbe à petit rayon mène à de grandes économies; nous avons donc adopté les courbes à rayon minimum de 500 mètres.

Le passage des railways à niveau des routes paraissait devoir entraîner à de graves inconvéniens; on exigeait que la traversée se fit en-dessus ou en-dessous au moyen de ponts et de viaducs; de là, des dépenses fort considérables. L'expérience est encore venue rassurer les esprits sur ce point : en Belgique et sur quelques chemins de France, il existe un grand nombre de passages de niveau, et pas un accident n'est résulté de ce mode économique de croisement des routes.

Enfin, on se demande si, dans les chemins à faible parcours, l'établissement de deux voies est indispensable, alors qu'on peut calculer le départ des convois de manière à ce qu'ils n'aient lieu qu'après l'arrivée des convois de retour; d'ailleurs n'est-il pas facile, sur ces chemins de peu d'étendue et même sur ceux qui présentent un plus grand développement, de placer des gares d'évitement de distance en distance, dans lesquelles les convois entreraient en prenant leur droite, comme les voitures qui se rencontrent sur le pavé, et, au besoin, s'attendraient quelques secondes, ce qui même n'aurait pas lieu si le service était bien organisé.

Ces considérations ne sont pas nouvelles; elles reposent sur des vérités proclamées aujourd'hui par les hommes les plus compétens en matière de chemins de fer. Nous avons cru devoir les exposer pour indiquer l'ordre d'idées dans lequel notre projet a été conçu.

CHAPITRE II.

Considérations particulières au chemin du Pecq à Poissy.

Le premier railway offert à l'admiration du public sous les murs de Paris, le chemin de fer de Paris à Saint-Germain, présente quelque chose d'inachevé; on sent qu'il a besoin d'être continué jusqu'au port de Poissy pour s'y relier à la riche navigation de la basse Seine. Le gouvernement a tellement compris cette nécessité que, dans la loi qui autorisait le chemin de Paris à la mer par les plateaux, à l'exclusion de toute voie rivale dans la vallée de la Seine, il avait néanmoins stipulé une exception en faveur de la ligne prédestinée de Paris à Poissy.

C'est en vue de combler cette lacune que depuis plus de deux ans nous nous sommes livrés aux études de ce chemin de peu d'étendue, il est vrai, mais d'une haute importance.

On doit admettre en thèse générale, qu'en fait de chemin de fer, le plus favorable à la spéculation sera celui qui, offrant un faible trajet, réunit deux grandes voies de communication jusque-là isolées entre elles.

Sous ce point de vue il est manifeste qu'il n'existe pas en France un chemin qui présente plus de certitude d'un grand et prompt succès que celui du Pecq à Poissy.

Le chemin de Paris au Pecq, tel qu'il est établi, n'est que peu ou point profitable à la circulation des marchandises provenant de la vallée de la basse Seine, par ce motif qu'il n'y a aucun avantage à en opérer le déchargement sur ce point : à quoi bon en effet transformer un parcours de onze lieues par eau qui coûte 7 centimes par cent par tonne et par kilomètre, en un parcours par chemin de fer de quatre lieues et demie à raison de 14 centimes la tonne par kilomètre?

Les frais de transbordement suffiraient pour annihiler l'économie s'il pouvait y en avoir.

Mais que ce chemin soit continué jusqu'à Poissy, c'est vingt lieues d'une navigation difficile et dispendieuse que vous remplacez par six lieues trois quarts de chemin de fer; au lieu de trois jours et demi que vous employez à ce transport, une heure ou deux vous suffiront.

Notre chemin de fer du Pecq à Poissy mettra donc très heureusement en communication la navigation de la basse Seine avec le chemin de Saint-Germain dont il augmentera les produits et sur lequel, par réciprocité, il obtiendra droit de parcours.

Malgré ces incontestables avantages, le chemin du Pecq à Poissy n'était exécutable que dans des conditions d'économie très sévères, économie imposée d'autant plus rigoureusement, que les obstacles à vaincre se trouvent groupés en plus grand nombre dans le court développement de deux lieues un quart que nous avons à parcourir. Ainsi, nous avons à franchir la Seine sur un pont très élevé; il nous a fallu suivre un terrain qui présente des difficultés d'un ordre supérieur : grands remblais, profondes tranchées, souterrain, plan incliné, port sur la Seine à Poissy, etc., etc.

La difficulté n'était pas seulement de vaincre ces obstacles, mais de les surmonter à bon marché. C'est pourquoi nous avons admis la pente de *cinq millimètres* et les courbes à rayon minimum de 500 mètres.

Par le même motif, une seule voie figure dans notre projet avec rencontres d'évitement aux stations de Saint-Germain et de Chambourcy. Toutefois, dans de sages vues d'avenir, nous avons donné au pont sur la Seine une largeur suffisante pour l'établissement de deux voies.

Au moyen de ces dispositions générales, nous sommes arrivés à renfermer notre dépense dans un chiffre tel que l'opération offrira des chances certaines de bénéfices.

Mais pour obtenir un tel résultat nous avons dû nous livrer à des études très minutieuses; cinq lignes différentes présentant ensemble un développement de 61,000 mètres ont été explorées: deux par la forêt de Saint-Germain; deux par les fonds de l'hôpital et une par Bougival, à partir de Nanterre.

Ce dernier tracé a été immédiatement abandonné parce qu'il allait s'embrancher trop loin du Pecq sur le chemin de Saint-Germain. Il nous a semblé que toute combinaison qui n'utilise pas dans son entier le beau travail de la compagnie Pereire devait être repoussée par le gouvernement, ne fût-ce que dans l'intérêt des actionnaires de ce chemin, si chèrement exécuté (1).

Nos tracés par la forêt longeaient la grande terrasse, passaient à Carrière-sous-Bois, et après avoir coupé la forêt dans toute sa largeur, allaient rejoindre la Seine en aval du pont de Poissy. Ces projets présentaient de graves inconvéniens: ils ne desservaient aucune population, délaissaient la ville de Saint-Germain, et gâtaient, sans utilité, un des plus beaux domaines de la couronne; nous n'avons pas voulu avoir à lutter contre les oppositions de la liste civile; ces deux directions par la forêt ont donc été abandonnées aussi, et nous avons reporté tous nos soins sur les études de la ligne qui parcourt les fonds Saint-Léger. Nous donnerons ici la description de ce tracé, tel qu'il a été présenté aux enquêtes.

CHAPITRE III.

Description du tracé du chemin de Paris au Pecq, par les fonds St-Léger.

Le point d'embranchement de cette nouvelle ligne sur le chemin de Saint-

(1) L'Administration paraît, en effet, avoir repoussé en principe tout projet de chemin de fer de Paris à Poissy, qui n'utiliserait pas à peu près dans son entier le chemin actuel de Paris à Saint-Germain.

Germain se trouve dans la forêt du Vésinet, à 1,000 mètres en arrière de la station du Pecq.

Le tracé se porte sur la gauche pour éviter les bâtimens de la ferme du Vésinet. A 800 mètres en amont du pont actuel, il traverse la Seine sur un pont de 163 mètres de longueur, établi pour deux voies, à 17 mètres au-dessus de l'étiage et 12 au-dessus des berges.

Le tracé se poursuit ensuite en remblais jusqu'à la rencontre du vallon de Saint-Léger, côté de Saint-Germain; puis il se continue en tranchée dans le flanc de ce coteau pour arriver dans les fonds de l'hôpital, près des chemins de Mareil et Fourqueux, où doit être établie la station de Saint-Germain, qui touchera aux premières maisons de cette ville; cette station sera de 18 mètres (56 pieds) plus élevée que celle du Pecq.

Jusque-là la plus grande profondeur des tranchées est de 5 mètres.

Le tracé se continue ensuite dans le fond du vallon, où il se maintient au niveau du sol, jusqu'au-delà du lieu dit la Maison-Verte, en évitant les constructions du petit village de Saint-Léger; quittant ce vallon pour se porter vers la droite, il entre en tranchée, et plus loin en souterrain sur 490 mètres de longueur, vis-à-vis la ferme d'Hennemont.

Il côtoie ensuite les murs de la forêt jusqu'à la porte de Chambourcy, où il se trouve au niveau du sol; là sera établie une station destinée à desservir Chambourcy et les localités voisines, et à mettre le chemin en communication avec la route de Mantes, dite route de Quarante-Sous.

Enfin le tracé arrive directement à la Seine en aval du pont de Poissy où il trouve un port naturel.

Depuis son origine sur le chemin de Saint-Germain jusqu'à la hauteur de Chambourcy, le tracé est établi avec une pente ascendante de 5 millimètres sur 6,576 mètres, rachetant une différence de niveau de 32,88 (1).

(1). A partir de ce point, le tracé pouvait être continué sur Rouen, et se souder avec la plus grande facilité sur celui de la Compagnie Riant, qu'il rencontre sur le plateau de Chambourcy, près le chemin d'Aigremont à la Maladrerie. Il aurait l'avantage de raccourcir ce tracé d'une lieue environ, et d'utiliser tout le railway de Saint-Germain, ainsi que son entrée dans Paris; par ces tracés combinés la distance de Paris à Rouen, serait de 33 lieues au lieu de 136,247 m., 34 lieues 1/16e, que présentait le développement du chemin Riant. On remarquera, en outre, que le projet Riant, s'embranchant même à Asnières sur celui de Saint-Germain, serait obligé, pour arriver à Rouen, de construire plus de 32 lieues 1/2 de railway, car il laisserait 3 lieues 1/2 du railway de Saint-Ger-

A la suite de cette pente ascendante vient une horizontale de 1606 mètres 57 centimètres jusqu'au sommet du plan incliné, et à l'origine de la station des voyageurs à Poissy.

Cette station se prolonge sur 200 mètres encore de niveau au-delà du sommet du plan incliné, et vient s'arrêter avec un remblai de 15 mètres, vis-à-vis le passage de l'abbaye.

Le plan incliné projeté avec deux voies comporte une pente de 70 millimètres sur 571 mètres de long. Il se poursuit jusqu'à 92 mètres en arrière du quai, point où le tracé revient à l'horizontale.

A l'extrémité de la station des voyageurs, sera placé le bâtiment de l'administration; deux escaliers en charpente et couverts seront posés sur les arêtes en pans coupés formées par la tête du remblai; l'un pour les voyageurs qui se rendront en ville; l'autre pour ceux qui gagneront l'embarcadère des bateaux à vapeur, et pour lesquels on construira une galerie couverte de 390 mètres de longueur depuis le pied de l'escalier jusqu'au quai.

Un vaste emplacement sera réservé en arrière de la station des voyageurs pour le stationnement des bestiaux qui partiront par le chemin de fer, et pour les Omnibus qui feront le service des localités environnantes. Cette gare sera mise en communication directe avec la ville et le marché au moyen d'une rue projetée, devant avoir une pente de 5 centimètres par mètre, et aboutir à l'entrée de Poissy, à la porte dite de Chambourcy.

Le plan incliné, destiné spécialement aux *marchandises*, sera desservi par une machine fixe.

Le port sera établi au-dessus des plus hautes eaux ; il aura 100 mètres de longueur, et sera pourvu d'une voie de fer avec plates-formes tournantes vis-à-vis les embarcadères qui seront munis chacun d'une grue en fonte.

Le développement total du tracé, depuis son embranchement sur le chemin de Saint-Germain jusqu'à la Seine, est de 8,846 mètres.

main sans utilité pour Rouen, tandis que notre tracé partant de l'extrémité de celui du Pecq, ne nécessiterait que 22 lieues 1/2 de construction nouvelle, 4 lieues de moins, et un pont de moins sur la Seine. On comprend donc que, lors même que le chemin de la vallée devrait un jour être préféré à celui des plateaux, le tracé par le vallon de Saint-Léger, le plateau de Chambourcy et la vallée d'Orgeval, offrirait des avantages marqués à la spéculation sur tous ceux qui partiraient d'Asnières.

Cette longueur se divise en huit courbes et huit alignemens répartis comme il suit :

DÉSIGNATION.	RAYONS.	Longueurs des COURBES.	Longueurs des DROITES.
	mètres.	mètres.	mètres.
Première courbe à l'origine du chemin.	1000	950	
Première droite.			50
Deuxième courbe.	1000	250	
Deuxième droite.			950
Troisième courbe.	500	500	
Troisième droite.			700
Quatrième courbe.	1000	450	
Quatrième droite.			150
Cinquième courbe.	600	330	
Cinquième droite (souterrain).			490
Sixième courbe.	600	340	
Sixième droite.			450
Septième courbe.	1300	550	
Septième droite.			900
Huitième courbe.	1000	360	
Huitième droite.			1426
TOTAUX.		3730	5116
TOTAL ensemble.		8846	

CHAPITRE IV.

Devis estimatif sommaire (1) des travaux et dépenses générales à faire pour la mise en exploitation du chemin de fer.

Acquisitions des terrains,	300,000 f.
Terrassemens,	1,300,000
Ouvrages d'art, grand pont sur la Seine, revêtement du souterrain, ponceaux, ponts et viaducs, clôture du chemin, port, etc.,	1,500,000
A reporter.	3,100,000 f.

(1) Voyez le devis détaillé, à la fin du Mémoire, pag. 28.

Report.	3,100,000 f.
Voie de fer, y compris traverse, sable, aiguilles, plates-formes tournantes, etc.	550,000
Matériel d'exploitation, locomotives, machines fixes, diligences, wagons, etc.	550,000
Études, frais d'administration, tracé, surveillance et somme à valoir,	300,000
Total.	4,500,000 f.

Tous ces chiffres résultent de calculs faits sur des projets de détail à la rédaction desquels on a apporté une scrupuleuse attention.

L'un de nos plus habiles constructeurs, dont les lumières et l'expérience sont attestées par de nombreux travaux, et notamment par les trois ponts qu'il a exécutés sur la Seine pour la compagnie du chemin de fer de Saint-Germain, par le beau et immense pont aqueduc qu'il a construit sur l'Allier, près Nevers, et par divers autres travaux hydrauliques importans, M. Chéronnet, a vérifié nos projets et nos calculs avec le soin le plus minutieux, et il n'a pas craint d'entreprendre à forfait, pour les prix d'estimation portés ici, tous les terrassemens et tous les travaux d'art, y compris le souterrain.

C'est là, nous le pensons, la meilleure justification que nous puissions donner de l'exactitude de nos devis.

CHAPITRE V.

Evaluation des produits.

Les produits du chemin de fer du Pecq à Poissy se composeront de trois élémens bien distincts :

Les voyageurs.

Les marchandises.

Les bestiaux.

Voyageurs. — Les 1,200,000 voyageurs que transporte annuellement le chemin de Saint-Germain, depuis qu'il est ouvert au public, paraissent être l'expression des relations actuelles de la capitale avec cette ville et les localités environnantes.

La plupart des voyageurs traversent Saint-Germain pour aller jusqu'à Poissy, Triel, Vaux, Meulan, Mantes, et tous les environs, au moyen de nombreux Omnibus.

La promptitude et la facilité du trajet jusqu'à Poissy accroîtra le nombre de ces correspondances, qui, à mesure que le chemin de fer marchera en avant, se reculeront et iront développer, dans des pays plus éloignés, des relations nouvelles et de nouveaux besoins ; c'est ce qui est arrivé, sans exception aucune, dans toutes les localités où les chemins de fer sont venus s'établir.

La navigation par les bateaux à vapeur qui vont à Rouen sera diminuée de 2 heures à la descente, de 3 heures à la remonte. Les mêmes diminutions de parcours profiteront également aux steamers de l'Oise.

Il est évident que si le trajet de Rouen, au lieu de se faire en 8 ou 9 heures, ne demande plus que 6 ou 7 heures, la circulation en deviendra plus active, et que les diligences, celles du jour surtout, qui marchent pendant 12 ou 13 heures, seront désertées pour les bateaux à vapeur, qui offriront une économie de temps de 4 à 5 heures, et un mode de voyage beaucoup plus agréable.

Nous pouvons donc compter, dès le début de notre opération, sur un nombre de voyageurs au moins égal à celui du chemin de Saint-Germain ; car si nous avons en moins quelques promeneurs, nous profiterons, en compensation, de toutes les relations nouvelles qui se créeront, comme nous venons de le dire, avec les villes de la basse Seine.

Il n'y aura donc pas de témérité à admettre qu'*un million* au moins de voyageurs parcourra dans un sens ou dans l'autre notre railway du Pecq à Poissy, ce qui, pour 9 kilomètres à 7 centimes 1/2 par kilomètre, produira une recette brute de 675,000 fr.

Marchandises. — Pour déterminer le mouvement des marchandises qui prennent la voie d'eau, nous avons puisé nos renseignemens aux sources les plus sûres. Nous avons consulté, entre autres ouvrages, le grand mémoire dû à M. de Bérigny ; les beaux travaux statistiques publiés en 1829 par M. Stéphane Flachat, et le rapport d'une commission nommée en 1825 et composée de MM. Vital-Roux, Ardoin, Larreguy, Lafond fils et Drouillard.

De tous ces documens nous avons déduit que le tonnage moyen des marchandises parcourant la Seine était, il y a dix ans, de . . . . 282,590 t.

Depuis cette époque, une très grande quantité de granits venant de Normandie, remonte la Seine ; l'importance de ce nouveau produit et l'augmentation toujours croissante des rapports de commerce avec Rouen et la Normandie peuvent être portés sans exagération à. 40,000

Tonnage total. . . . . 322,590 t.

Ainsi que nous l'avons déjà dit, tout nous fait espérer que la généralité de ces transports s'arrêtera à Poissy ; nous allons tâcher de démontrer que ce fait doit se réaliser dans un avenir très prochain par la seule force des choses, à cause de la réduction notable que subiront les frais de transport.

Le prix moyen par tonne et par kilomètre entre Paris et le Hâvre est, par le roulage accéléré, de 30 centimes. Notre prix moyen sur le chemin de fer ne serait que de 14 centimes, et par les bateaux à vapeur de 20 à 30 centimes. Nous offrirons donc une économie de plus de 25 p. 0/0 sur le roulage accéléré.

Les prix des transports par eau de Rouen à Paris sont, au minimum, à la remonte de 5 centimes, à la descente de 3 centimes. — Ces prix s'élèvent quelquefois à 8 centimes à la remonte, 5 à la descente.

On peut donc en conclure un prix moyen de 6 centimes à la remonte, et de 4 à la descente pour tout le trajet entre Rouen et Paris. — Mais il faut observer que le prix de 6 centimes, à la remonte, est la moyenne des dépenses de tout le trajet, et que le frêt est proportionnellement beaucoup plus élevé entre Poissy et Paris, où la Seine est plus sinueuse, où les courans sont plus forts, où les hauts fonds sont plus fréquens, où l'on est obligé de passer un grand nombre de ponts ; en un mot, où la navigation est beaucoup plus difficile; en sorte que le prix moyen des transports par eau, dans cette partie, doit être d'au moins 7 centimes par tonne et par kilomètre.

En appliquant ce prix aux 80 kilomètres parcourus par les bateaux entre Poissy et le port Saint-Nicolas, on trouve 5 fr. 60 c. pour le prix d'une tonne transportée sur cette partie, à la vitesse de moins d'une demi-lieue à l'heure, c'est-à-dire en plus de trois jours.

Par notre railway, qui aura 26 1/2 kilomètres, le transport d'une tonne de marchandise pourra se faire en moins d'une heure pour le prix de 3 fr. 60 c., c'est-à-dire avec une économie de 2 fr. par t. et pour 320,000 ton. de 640,000 f.

Sans doute les habitudes routinières sont lentes et difficiles à déraciner; mais ici l'avantage sera trop évident (trois jours de gagnés et 2 fr. d'économie par tonne), pour que le commerce, qui calcule bien et connaît ses intérêts, n'adopte pas ce nouveau moyen de transport.

Toutefois, pour ne pas nous abuser sur des produits qui ne se réaliseront peut-être pas complètement dans les premières années, nous ne compterons ici que sur 200,000 tonnes, qui, sans nul doute, à raison des facilités que nous donnerons pour le prompt et économique transbordement des colis, nous arriveront dès l'ouverture de notre chemin.

Ainsi, 200,000 t. à 0 fr. 14 c., prix moyen par kilomètre, et 1 fr. 26 c. pour les neuf kilomètres qui seront parcourus sur notre chemin, donneront un produit annuel de . . . . fr. 252,000

On remarquera que nous n'avons pas fait entrer en ligne de compte toutes les marchandises, bois, charbon de terre, farines, pierres, plâtre, qui nous arriveront de l'Oise, attendu qu'elles n'auront qu'une lieue et demie de navigation descendante pour venir à nos débarcadères de Poissy, et de là gagner Paris par le chemin de fer, avec une économie certaine de temps et d'argent.

Poissy deviendra un point d'entrepôt pour les marchandises et même pour les vins en destination de Rouen et du Hâvre qui s'entreposent aujourd'hui à Neuilly, et qui seront plus à proximité à Poissy où ils arriveront à meilleur marché que par la navigation des vingt lieues de rivière.

Bestiaux. — Le marché de Poissy envoie annuellement à Paris 250,000 têtes de bétail environ.

Voici le relevé des ventes faites à Poissy en 1838 :

Bœufs.	40,263
Vaches.	866
Veaux.	19,965
Moutons.	191,320
Total.	252,414

Nous ne pouvons pas compter pour le moment sur le transport, par le chemin de fer, des bœufs et des vaches, quoique pourtant l'intérêt bien entendu des éleveurs qui amènent les bestiaux au marché et des bouchers qui les y achètent pour les amener et les faire abattre à Paris, soit tout en faveur de cette mesure (1).

La sécurité des voyageurs compromise sur les routes, l'inconvénient du passage de ces bandes de bœufs à travers Saint-Germain, Chatou, Nanterre, Neuilly et les boulevarts extérieurs de Paris; les dégradations des accotemens des routes qu'ils rendent impraticables provoqueront sans doute, de la part de l'autorité, une mesure de police qui prescrira, dans un but d'intérêt général, le transport du gros bétail par le chemin de fer. Et comme l'intérêt particulier sera dans cette occasion d'accord avec l'intérêt général, il est permis d'espérer que ce transport nous sera acquis dans un temps assez prochain.

Nous laisserons toutefois dans notre évaluation le transport du gros bétail de côté, bien persuadés qu'il n'attendra pas longtemps pour se servir de notre railway; et nous n'introduirons dans nos calculs que les veaux et les moutons.

Les veaux sont tous transportés en voiture; les moutons le sont partie à pied partie en voiture, et c'est l'opinion de gens bien informées, qu'au prix de notre tarif le transport aura lieu par le chemin de fer pour la totalité. Ainsi :

20,000 veaux à 0 fr. 04 c. par kilomètre, et pour neuf kilomètres 0 fr. 36 c. ci. . . . . 7,200 f.

190,000 moutons à 0 fr. 02 c. par kilomètre, et pour 9 kilomètres 0 fr. 18 c. ci. 34,200

41,400 fr.

En réunissant ces trois branches de produits nous trouverons pour les :

Voyageurs.	675,000
Marchandises.	252,000
Bestiaux.	41,400
Total des produits bruts.	968,400 fr.

Dont nous déduirons 50 p. 0/0 pour les frais d'exploitation, entretien du chemin et des locomotives et wagons, charbon, administration, etc. 484,200

Il restera pour dividende. . . . . 484,200 fr.

(1) Voir les notes à la fin du Mémoire.

Plus de 10 p.0[0 des dépenses d'exécution ; et pourtant, qu'on veuille bien le remarquer, dans cette évaluation des produits, nous avons voulu échapper à tout mécompte, et dans cette intention, nous avons beaucoup diminué les recettes à espérer des marchandises et du gros bétail, et nous n'avons pas porté en compte les bénéfices que nous obtiendrons des transports que nous aurons à faire sur les dix-huit kilomètres et demi du chemin de Saint-Germain, bénéfices qui ne nous auront coûté directement aucune mise de fonds.

CHAPITRE VI.

Avantage et justification du projet.

Le tracé dont nous avons donné la description dans notre chapitre 3 utilise, à 1,000 mètres près, tout le chemin actuel de Paris à Saint-Germain, circonstance très avantageuse pour les actionnaires de ce chemin, qui recevra par nous les marchandises et les bestiaux en excédant de ses recettes actuelles, et obtiendra un supplément annuel de produits de plus de 500,000 fr.

Notre railway amène les voyageurs pour Saint-Germain à 2,000 mètres plus près du centre de la ville que ne le fait la station actuelle du Pecq.

Il donne une grande valeur aux terrains des fonds Saint-Léger, ainsi qu'à ceux qui entourent la ville de Poissy.

Il n'attaque aucune construction, il ne touche à aucune propriété d'agrément, et il ménage une grande partie des propriétés qu'il traverse, en ce sens qu'il ne les entame, pour la plupart, que par l'extrémité des parcelles.

Saint-Germain et Poissy se trouvent mis en communication, entre eux et avec Paris, de la manière la plus convenable et par la ligne la plus courte.

La ville de Poissy, mise à trois quarts d'heure de Paris, deviendra en quelque sorte un faubourg de cette capitale, et il s'y établira nécessairement un grand commerce d'entrepôt ; cette place prendra en peu de temps un accroissement considérable.

Notre tracé dessert en outre un grand nombre de communes populeuses, telles que Marly, Fourqueux, Mareil, Montaigu, Chambourcy, Aigremont, Orgeval, etc. ; il évite de toucher à la forêt de St-Germain. Il arrive à l'aval du pont de Poissy, un peu au-dessous du quai actuel, dans un petit bras de la Seine, formant un grand port naturel d'un abord facile et d'un mouillage profond, abrité contre les glaces par le pont et par des îles ; ce qu'il y a de plus avantageux dans le choix de ce port, c'est qu'il dispensera la navigation du remontage du pont, opération longue, difficile et très dispendieuse : on sait que ce pont coûte plus de 200,000 fr. par an au commerce.

Ces avantages sont incontestables, et seraient totalement perdus pour tous tracés qui arriveraient en amont du pont.

Peu de mots suffiront pour expliquer les motifs qui nous ont déterminés à adopter une pente de cinq millimètres pour franchir les hauteurs d'Hennemont. Cette pente étant dans la direction de Poissy vers Paris, nous avons pensé que, à l'égard des marchandises et des bestiaux, le chemin ne serait ordinairement parcouru, à la remonte, que par les wagons vides de retour.

Quant au transport des voyageurs, dont le nombre sera à peu près égal dans les deux sens, nous avons considéré que la pente n'offrait pas un surcroît sensible des frais de traction, puisque l'excès de résistance à la remonte est, en partie, racheté à la descente par la gravité (1).

Du reste, cette limite de 5 *millimètres* de pente est déjà en usage au chemin de fer de Versailles, rive droite, sur tout son parcours. Le chemin d'Alais à Beaucaire comporte des pentes de 7 millimètres ; celui de Mulhouse à Thann de 6 millimètres 1/2; celui de Manchester à Liverpool de 11 millimètres ; et ces chemins fonctionnent sans qu'on ait lieu de se repentir de cette disposition.

Cette pente n'entrainera donc aucun inconvénient, aucun excédant sensible de frais de traction dans le chemin du Pecq à Poissy; tandis, au contraire, qu'elle y apportera des avantages tels, que sans son introduction dans notre projet l'exécution de ce chemin de fer devenait impossible, à moins de se jeter dans des remblais et des déblais énormes, avec un souterrain d'un tiers de lieue de long, et d'entrer dans des *dépenses d'exécution* dont les intérêts n'auraient jamais pu être couverts par le produit des transports.

La machine fixe, loin d'être une charge pour l'exploitation du chemin de fer, lui apportera un soulagement notable, attendu qu'elle élevera encore l'eau de

(1) Il ne s'agit, à la descente, que d'entretenir le feu ; car la résistance est non seulement nulle, mais il y a excès de plus d'un kilogramme de force par tonne, ce qui suffit pour entraîner les convois et produire accélération de vitesse.

la Seine dans un réservoir supérieur, d'où elle sera distribuée aux maisons particulières et aux établissemens publics, tels que le marché et la maison de détention (1).

Cette machine ne restera donc jamais inactive; nous n'aurons pas de dépenses improductives en charbon, puisqu'elle fonctionnera incessamment, soit pour le service du chemin de fer, soit pour la distribution des eaux.

CHAPITRE VII.

Variante du tracé, passant par le sud de la forêt.

Nous n'appelons qu'une attention secondaire sur cette variante de notre projet, parce qu'elle nous semble fort inférieure à la ligne que nous avons proposée; si nous l'avons fait figurer dans nos plans, malgré son passage par la partie sud de la forêt, c'est qu'un autre projet que le nôtre traversant aussi cette partie de la forêt a été envoyé aux enquêtes avec nous et que nous avons voulu démontrer que, même dans cette direction, notre tracé serait supérieur à celui de notre rival.

Voici quel eût été ce tracé qui serait commun avec notre ligne principale depuis le point d'embranchement jusqu'au percement souterrain, qui aurait toujours 490 mètres de longueur; mais il passerait plus à droite sous la partie haute de la forêt, dans laquelle, en sortant du souterrain, il continuerait sur 3,000 mètres de longueur en profitant d'une dépression très sensible du terrain, pour diminuer les terrassemens à faire. Au-delà de la forêt le tracé passe à gauche près de la route royale de Rouen et derrière le marché de Poissy, pour arriver à la rivière, au même point que notre autre tracé principal.

La ligne variante aurait, depuis son entrée dans la forêt jusqu'à la Seine, une pente de 10 millimètres, au moyen de laquelle le plan incliné pourrait être supprimé. Mais malgré cet avantage nous avons abandonné cette variante, parce qu'elle comporte quelques-uns des nombreux inconvéniens que nous allons si-

(1) Voyez la délibération du Conseil municipal de Poissy, à la fin de ce mémoire.

gnaler dans le tracé envoyé concurremment aux enquêtes avec le nôtre; et, nous le répétons, si nous mentionnons ici cette ligne secondaire, ce n'est que pour montrer qu'on pouvait tirer un meilleur parti de la direction par le sud de la forêt que ne l'a fait notre adversaire.

CHAPITRE VIII.

Supériorité de notre tracé sur divers projets présentés en concurrence.

Le chemin de fer de Paris à Poissy est d'une utilité si évidente, sa nécessité est en quelque sorte si manifeste, qu'un grand nombre de projets touchant ce chemin ont, depuis plusieurs années, été présentés à l'administration, à l'insu les uns des autres. Il semble que tous ceux de ces projets qui n'utilisaient pas à peu près dans son entier le chemin actuel de Saint-Germain ont été écartés par le conseil des ponts-et-chaussées. Deux tracés qui remplissent cette condition essentielle, celui de M. Hageau et le nôtre, ont été maintenus et envoyés aux enquêtes. Il nous appartient d'examiner quelle est la valeur du travail de notre concurrent; nous avons vérifié avec soin les nivellemens et le calcul des cotes; il en est résulté pour nous la conviction que le projet dont il s'agit a été étudié avec une extrême précipitation, puisque nous avons trouvé, sur les données essentielles, le terrassement et les évaluations, des erreurs qui dépassent toutes les bornes.

Au reste, voici sommairement la direction du tracé de M. Hageau, lequel a été présenté en 1837 à l'administration quelque temps après le nôtre :

Il s'embranche sur le chemin de Saint-Germain, à 2,000 mètres de la station du Pecq. Il passe la Seine sur un pont établi à 1,200 mètres en amont du pont du Pecq, et à 17^{m}, 66^{c} au-dessus de l'étiage.

Il traverse ensuite la route de Saint-Germain, à laquelle il nécessite une rectification de 150 mètres de longueur, arrive au bas de la rue de l'Hôpital qu'il passe à niveau, et où il établit la station de Saint-Germain à 1,000 mètres environ de la place du Marché.

Il continue au-delà dans ce vallon, après avoir passé quelques habitations qu'il démolit, puis, dans le parc de M. Morin où il creuse une tranchée de 12 à

13 mètres de profondeur, il s'enfonce sous la forêt de Saint-Germain et ne revient au jour qu'après un trajet souterrain de 1,240 mètres (un tiers de lieue); il se prolonge ensuite dans la forêt en ligne droite et en tranchée de 18 à 19 mètres de profondeur sur 3,000 mètres de longueur, ayant 50 mètres de largeur moyenne, à cause de ces prodigieuses tranchées, et envahit près de 15 hectares de cette magnifique réserve.

Arrivé à la route de Vallière, le chemin se divise en deux branches, l'une, destinée aux voyageurs, et qui, par un remblai de 12 mètres 47 centimètres, vient arriver à la gauche de Poissy sur la route de Chambourcy. L'autre, qui est le prolongement du grand alignement de la forêt, arrive, à droite de Poissy en amont du pont, brusquement et carrément à la rivière, par un remblai de 15 mètres de hauteur moyenne, et 1,200 mètres de longueur.

Près de Poissy et à 1,800 mètres de la rivière, la branche destinée aux marchandises descend vers la Seine avec 18 millimètres de pente, et forme un plan incliné qui sera desservi par une machine fixe.

La longueur totale de la ligne, en réunissant les deux embranchemens, est de 10,960 mètres.

Telle est, en abrégé, la description du tracé de M. Hageau.

La dépense est estimée comme il suit :

Acquisition de terrains (environ 30 hectares).		60,000 f.
Terrassemens, 315,000 mètres à 1 fr.		315,000
Pont sur la Seine.	550,000	750,000
Ouvrages d'art divers pour la traversée des routes et ruisseaux.	200,000	
Souterrain, 1,240 mètres courans, à 400 fr. l'un.		496,000
Voie de fer, 10,960 mètres courans à 37 fr. 50 c.		465,000
Points d'arrivée à Poissy.		100,000
Matériel.		450,000
	Total.	2,636,000 f.

Nous laissons à nos juges communs à apprécier un tel devis.

On remarquera que le calcul des cotes de M. Hageau donne plus de 800,000 mètres de terrassemens; il n'en figure au devis que 315,000, et ils sont portés à 1 fr., tandis qu'ils doivent être comptés, comme nous l'avons fait, à 2 fr. 50 c.

Nous avons cru devoir mettre en regard les avantages réciproques des deux tracés :

PROJET DE M. HAGEAU.	PROJET DE M. ANDRAUD.
Il utilise le chemin actuel de Saint-Germain, à 2,000 mètres près.	Il utilise le chemin actuel de Saint-Germain à 1,000 mètres près.
Il coupe l'ancienne route de Saint-Germain, de manière à nécessiter la rectification de cette route sur 150 mètres de longueur.	Il traverse en-dessous l'ancienne route de Saint-Germain, aux dispositions de laquelle il ne change rien.
Il établit la station de Saint-Germain à 1,000 mètres du centre de cette ville.	Il établit la station de Saint-Germain à 400 mètres du centre de la ville.
Il détruit dans son parcours un grand nombre de propriétés, notamment le parc de la Maison-Verte.	Il ménage soigneusement toutes les propriétés.
Il se maintient dans la vallée de Saint-Léger à plusieurs mètres au-dessous du rû de Buzot, dont il pourra absorber les eaux au détriment des industries locales.	Il se maintient dans la vallée constamment au-dessus du rû de Buzot, qu'il alimentera des eaux de ses fossés au profit des industries locales.
Il traverse les hauteurs d'Hennemont au moyen d'un souterrain à une voie de 1,240 mètres.	Il traverse les hauteurs d'Hennemont au moyen d'un souterrain de 490 mètres.
Il coupe en profondes et larges tranchées toute la partie sud de la forêt de Saint-Germain sur 3,000 mètres de longueur.	Il épargne complètement la forêt de Saint-Germain.
Il dessert mal le village de Chambourcy et les communes environnantes.	Il dessert parfaitement Chambourcy et les communes environnantes.
Il ne peut pas se relier ultérieurement avec la ligne de fer qui pourrait se prolonger dans la vallée de la Seine.	Il se relierait facilement avec la ligne de fer qui pourrait ultérieurement se prolonger dans la vallée de la Seine.
Il descend vers le fleuve au moyen d'un	Il descend vers le fleuve au moyen d'un

plan incliné de 1,800 mètres, desservi par une machine fixe.

Il aborde la Seine en AMONT du pont au moyen d'un quai de 15 mètres de hauteur sur une berge plate, sans abri contre les vents et les glaces, en un lieu où les eaux manquent de profondeur et où il faudra creuser un port factice qui s'ensablera continuellement.

Il ne dispense pas le commerce de la basse Seine du passage si dangereux du pont de Poissy, qui lui coûte annuellement plus de 200,000 fr.

Il place la station de Poissy pour les voyageurs à 1,000 mètres du port.

Il aura un développement total de 10,960 mètres, y compris les deux embranchemens.

Enfin, ce projet, qui n'est qu'un avant-projet, est totalement inconnu dans les localités; sa mise aux enquêtes a seule révélé son existence.

Les terrassemens sont estimés devoir être de 315,000 mètres cubes; et, d'après le calcul des cotes mêmes du projet, ils seront de plus de 800,000 mètres.

L'évaluation des dépenses est fausse sur tous les points : acquisition de terrain, travaux d'art, terrassement, matériel, etc., elle est de 2,636,000 fr.; si on prend pour base les estimations du projet rival, la dépense s'élèvera à 6,726,000 fr.

La pente est de 4 millimètres.

Les courbes sont de 1,200 à 2,000 mètres.

plan incliné de 571 mètres, desservi par une machine fixe.

Il aborde la Seine en AVAL du pont sur une berge élevée, dans un port naturel d'un abord facile, d'un mouillage toujours bon, abrité contre les vents et les glaces par le pont et plusieurs îles.

Il dispense le commerce de la basse Seine du passage dangereux du pont, et lui épargne ainsi une dépense annuelle de 200,000 fr.

Il place la station de Poissy a 463 mètres du port.

Il aura un développement total de 8,846 mètres.

Enfin, ce projet, qui est presque un projet définitif, est parfaitement connu dans les localités; il a déjà été l'objet de délibérations favorables des conseils communaux de Poissy et de Saint-Germain. (Voir les notes.)

Les terrassemens très exactement calculés sont de 500,000 mètres cubes.

L'évaluation de ses dépenses générales, y compris le matériel, est de 4,500,000 fr. L'exécution des travaux a été entreprise à forfait, de manière à garantir que cette évaluation ne sera pas dépassée.

La pente est de 5 millimètres.

Les courbes sont de 500 à 1,300 mètres.

Parmi les projets écartés, il en est un dont nous croyons devoir faire mention dans le présent mémoire, non à cause de son importance, mais parce qu'il offre cette particularité qu'il a été présenté à l'administration par les personnes mêmes qui auraient le plus grand intérêt à ce qu'il ne fût pas adopté. Nous voulons parler d'un embranchement du chemin de Saint-Germain, qui aurait quitté la ligne principale vers Asnières et se serait dirigé par Argenteuil et Maisons, pour aller rejoindre Poissy après avoir coupé en deux la forêt de Saint-Germain. Il est très évident qu'un tel tracé aurait eu pour premier résultat de frapper de mort les deux tiers du chemin actuel de Saint-Germain, depuis Asnières jusqu'au Pecq : cette portion importante de la ligne n'aurait plus servi qu'au transport de quelques habitans de la ville de Saint-Germain, c'est-à-dire qu'en très peu de temps elle serait arrivée à ce point que, ses frais d'exploitation n'étant pas couverts, elle aurait cessé de fonctionner. Si quelques personnes, ayant des intérêts de localités à Argenteuil ou à Maisons, par exemple, avaient pu imaginer un si étrange projet d'embranchement et l'avaient présenté sérieusement à l'administration, on conçoit très bien que les actionnaires du chemin de Saint-Germain eussent dû se lever en masse et, leur directeur en tête, se fussent rendus chez le ministre pour réclamer contre une spoliation aussi manifeste. Sans doute, ils n'eussent pas eu besoin, pour que justice leur fût faite, d'associer à leur plainte la liste civile, menacée comme eux dans ses intérêts les plus chers.

Comment donc se fait-il que ce projet d'embranchement ait été conçu et mis en lumière par le directeur même de la Compagnie qu'elle ruinerait? Il importe à l'honorable M. Péreire que cela soit expliqué; qu'il nous permette de le faire, ce sera pour nous un plaisir et un devoir, parce que la force des choses amènera peut-être, entre le chemin de Saint-Germain et celui que nous projetons, des relations que nous nous efforcerons de rendre utiles aux intérêts communs.

Lorsque l'embranchement de Poissy par Maisons a été conçu, une grande pensée dominait le conseil de la compagnie. On voulait que sur la ligne capitale de Paris à Saint-Germain vinssent rayonner de toutes parts des embranchemens dont l'ensemble, formant un réseau de lignes de fer, aurait relié entre eux tous les villages qui environnent Paris. Malheureusement l'expérience n'a pas favorisé cette belle conception : la première ligne du réseau, celle d'Asnières à Versailles, a été construite, et nous ne croyons pas qu'elle ait donné de grands encouragemens à persister dans le système de ramifications ; système peut-être contraire à la nature des chemins de fer qui, pour être utiles, demandent à aller droit et loin. Il ne faut donc considérer maintenant l'ancien projet d'embranchement de la ligne de Poissy par Maisons que comme une idée bonne dans le temps, impossible aujourd'hui. C'était la conséquence d'un plan général que l'expérience a conseillé d'abandonner.

CONCLUSION.

Nous avons exposé dans ce mémoire les motifs qui nous ont déterminés à entreprendre les études d'un chemin de fer du Pecq à Poissy. Nous avons indiqué les divers tracés que nous avons comparés, déduisant les raisons pour lesquelles nous avons préféré la ligne qui parcourt les fonds Saint-Léger et les plaines de Chambourcy.

Nous nous sommes ensuite appliqués à démontrer que notre tracé se relie de la manière la plus heureuse au chemin de fer de Paris à Saint-Germain, qu'il utilise presque entièrement et dont il accroîtra la prospérité; nous avons mis aussi en évidence sa supériorité sur un autre tracé rival; enfin nous avons établi, par des calculs positifs, que notre projet, favorable d'ailleurs à tous les intérêts publics et privés, devait être la base d'une bonne opération pour ceux qui nous aideront à le réaliser.

Jusqu'ici nous avons rencontré partout les plus vives sympathies parce que notre entreprise est une œuvre de conscience et qu'elle se trouve dans des conditions de succès tellement exceptionnelles que son exécution est devenue en quelque sorte une nécessité.

C'est donc avec confiance que nous attendons la décision des conseils appelés à prononcer sur l'opportunité et le mérite de notre travail.

ANDRAUD,
Ingénieur-géomètre,

COUSIN,
Ingénieur civil,

HAMELIN,
ancien négociant.

NOTE

CONCERNANT LE MARCHÉ DE POISSY.

ÉTAT DE CE QUE COUTE AUJOURD'HUI LE TRANSPORT DES BESTIAUX DE POISSY A PARIS.

Le transport des bœufs se fait :

Quand ils sont valides moyennant.	fr. » 70 c.	par tête.
Quand ils sont las moyennant.	2 »	
Quand ils ne peuvent marcher moyennant.	15 »	

Il y a chaque jour de marché une bande de bœufs las, dont le nombre total, dans le cours de l'année, est au moins de 2,000.

Les bœufs transportés par voiture moyennant 15 fr., ne dépassent pas le nombre de 100.

Enfin, chaque année la boucherie en perd un nombre à peu près égal qui se trouvent atteints, durant le trajet par excès de fatigue, de maladies telles que le charbon, par suite desquelles la viande est perdue pour la consommation. Chaque tête ainsi perdue peut représenter une valeur moyenne de 250 fr.

Le prix moyen du transport actuel sera obtenu par la répartition sur la masse de tous ces élémens de dépense.

Pour obtenir à ce prix moyen le transport, la boucherie de Paris est obligée de faire partir sa marchandise en masse; vingt-quatre heures après le marché, tout ce qui est destiné à Paris y est rendu.

Et de cette nécessité résultent de graves inconvéniens dont voici le détail :

Le bœuf arrivé au marché de Poissy a fait une longue route de 50 à 80 lieues ; il a quitté la vie tranquille des herbages pour venir à marches forcées jusqu'au lieu de la vente où il n'arrive la plupart du temps que le jour même du marché, au matin.

Le stationnement sur la place du marché, où il est exposé à toutes les intempéries, loin de le reposer, aggrave sa position en raidissant ses membres, et à l'issue de ce stationnement, il repart immédiatement pour Paris où il arrive dans un véritable état de fièvre : là il est parqué dans des abattoirs, où il reste, terme moyen, quatre jours avant d'être tué.

Pendant ce séjour il dépérit, parce qu'il a été forcé par une fatigue au-delà de ses facultés, et parce qu'il n'a aucune des habitudes de nourriture qu'il avait antérieurement ; ces habitudes sont telles, que peu de bœufs se résignent à boire l'eau qu'on leur présente dans des baquets ; ils sont habitués aux eaux naturelles de source ou de ruisseau.

L'expérience des bouchers leur a démontré que le bœuf ainsi parqué *mange sa graisse.* C'est le nom technique que l'on donne à ce dépérissement, qui n'est pas moindre de 20 à 25 livres ; c'est donc une perte de 10 à 15 fr.

De plus, le séjour de ces bestiaux dans les abattoirs occasionne pour le boucher d'autres frais. La nourriture coûte plus qu'à Poissy ; le soin des bestiaux nécessite un personnel de garçons d'abattoirs qui augmente les charges du commerce.

L'expérience a fait reconnaître aux bouchers que lorsque le bœuf était tué dans l'état de fatigue et de fièvre inévitables au moment de son arrivée à Paris, la viande, injectée du sang et des humeurs liquides de l'animal, avait acquis un degré de fermentation qui la rendait peu propre à être conservée ; elle se corrompt dans cet état très rapidement, pour peu qu'elle attende la consommation ; il en résulte deux graves inconvéniens : perte pour le boucher, et insalubrité pour le consommateur.

Enfin, dernier inconvénient : le mode de transport actuel occasionne, surtout dans les grandes chaleurs et les grands froids, le développement rapide de maladies propres à ces animaux. En raison de notre législation sur les vices rédhibitoires, ces sinistres pèsent en général, non pas sur le boucher acheteur, mais sur l'herbager vendeur. Cependant la question de savoir si la maladie est due à un vice rédhibitoire, si elle est due à un vice antérieur à la vente ou à un principe développé par la fatigue du dernier jour, et par les mauvais traitemens et les meurtrissures que subit le bœuf pendant ce dernier trajet, donne matière à de fréquens procès qui augmentent encore notablement les frais et surtout les soucis du commerce.

Le nouveau mode de transport est un remède à ces inconvéniens, et il est présumable que les marchands herbagers l'imposeront à la boucherie pour diminuer leurs sinistres.

Tous ces inconvéniens disparaîtraient si le bœuf pouvait rester en séjour à Poissy jusqu'au moment de la consommation. Les frais d'hébergement seraient à peine sensibles, et la viande serait plus saine ; toute la culture de Poissy y gagnerait immensément.

Le transport par chemin de fer permettra cette amélioration, et le prix de 0,15 c. par kil. demandé par les tarifs sera bien inférieur à toutes les dépenses ci-dessus détaillées.

On remarquera de plus que c'est principalement entre Poissy et Paris que le passage des bestiaux détruit les acotemens des routes ; le nouveau transport fera complètement disparaître cet inconvénient et tous ceux qui résultent du transport à pied.

Il résulte des notes qui précèdent, fournies par un des membres du conseil municipal de Poissy, que par suite de l'établissement de notre chemin de fer, la boucherie de Paris gagnera annuellement 495,300 fr. environ.

NOTE

CONCERNANT LA FORCE NÉCESSAIRE A LA MACHINE FIXE.

La machine remontera à la fois 8 wagons chargés du poids de 4 tonnes chaque, et descendra en même temps un nombre égal de wagons vides, pesant chacun 1 tonne.

Elle marchera à la vitesse d'un mètre et demi par seconde.

Le plan incliné sera à deux voies, et desservi par une corde sans fin, tournant autour de deux grande poulies, l'une au haut du plan, l'autre en bas, qui sera mise en mouvement par a machine à vapeur et communiquera le mouvement au câble.

Cette machine devra suffire à un mouvement annuel, maximum de 300,000 tonnes, soit 1,000 tonnes par jour, en comptant seulement 300 jours de travail de 12 heures chacun.

Ces données nous serviront à trouver la force qu'il conviendra de donner à la machine fixe.

Elle devra vaincre :

Le frottement propre des wagons montans, 4,000 × 8 × 0,005 = ... 160 00

Le poids des mêmes wagons décomposé suivant la pente, au 4,000 × 8 × 0,07 = ... 2,240 00

Celui de la corde décomposé suivant la pente, 571 × 3 k. × 0,07 = . . 119 91

Le frottement sur les poulies estimé au 12e du poid de la corde, ou 571 × 3 × $\frac{1}{12}$ = ... 142 75

Résistance totale à vaincre. 2,662 66

Observation. — Nous n'avons pas fait entrer en déduction le poids des wagons vides descendant, laissant à dessin cet excédant pour subvenir à la régularité du service dans les mauvais temps.

Cette résistance de 2,662 66 devant être surmontée avec une vitesse de 1,50 (1) par seconde nous avons 2,662,66 × 1,50 = 3,993,99 k., qui, évalués en chevaux de vapeur, seront représentés par $\frac{3993,99}{75}$ = 53. 25, ou en nombre rond 55 chevaux de travail utile.

L'alimentation des réservoirs destinés à la distribution d'eau dans Poissy aura lieu principalement pendant la nuit. et pendant le chomage du transport sur le chemin de fer.

Nous pourrons donc fournir chaque nuit à ce réservoir un cube de 1,152 mètres, approvisionnement trois fois supérieur aux besoins de la ville de Poissy.

(1) Avec cette vitesse d'un mètre et demi par seconde, le plan de 571 mètres sera remonté en 6 minutes 3/4 ; à quoi, ajoutant 8 minutes 1/4 pour le temps perdu pour le service des voyageurs, on aura 15 minutes pour le remorquage de 8 wagons ou 24 tonnes de charge utile ; et par jour 24 × 4 × 12 = 1152 tonnes.

TARIF.	PRIX de PÉAGE.	PRIX de TRANSPORT	TOTAL.
Voyageurs. Par tête et par kilomètre.	fr.	fr.	fr.
Non compris le dixième du prix des places dû au Trésor public	0,055	0,02	0,075
Bestiaux. Par tête et par kilomètre.			
Bœufs, vaches, taureaux, chevaux, mulets, bêtes de trait, transportés par voiture	0,10	0,05	0,15
Veaux et porcs	0.03	0,01	0,04
Moutons et chèvres	0,015	0.005	0,02
Marchandises. Par tonne et par kilomètre.			
PREMIÈRE CLASSE. — Houille, pierre à chaux et à plâtre, moellons, meulières, cailloux, sable, argile, tuiles, briques, ardoises, fumiers et engrais, pavés et matériaux de toute espèce pour la construction et la réparation des routes	0,07	0,05	0,12
DEUXIÈME CLASSE. — Blés, grains, farines, chaux et plâtre, minerais, coke, charbon de bois, bois à brûler (dit de corde), perches, chevrons, planches, madriers, bois de charpente, marbres en blocs, pierres de taille, bitume, fontes brutes, fers en barres ou en feuilles, plombs en saumons	0,09	0,05	0,14
TROISIÈME CLASSE. — Fontes moulées, fers et plombs ouvrés, cuivre et autres métaux ouvrés ou non, vinaigres, vins, boissons et spiritueux, huiles, cotons, chanvres, lainages, bois de menuiserie, de teinture et autres, bois exotiques, sucres, cafés, drogues, épiceries et autres denrées coloniales objets manufacturés	0,10	0,06	0,16
Objets divers.			
Voiture sur plate-forme	0,18	0,10	0,28
Machine locomotive, avec ou sans chariot, soit qu'elle remorque un convoi ou qu'elle soit remorquée elle-même.	0,18	»	0,18
Et par tonne de son poids réel		0,06	0,06
Chaque wagon, chariot, ou autre voiture destinée au transport sur chemin de fer, et y passant à vide	0,08	0,04	0,12
Les mêmes wagons ou voitures paieront comme voitures à vide, indépendamment du prix qui serait dû pour leur chargement, toutes les fois que ce chargement ne sera pas d'une tonne au moins.			

ESTIMATION DES DÉPENSES

POUR

L'ÉTABLISSEMENT DU RAILWAY DU PECQ A POISSY,

PAR LES FONDS DE SAINT-LÉGER.

§ I.

ACQUISITION DES TERRAINS ET INDEMNITÉS.

La surface totale des terrains à acquérir pour l'établissement du railway du Pecq à Poissy est de 18 hectares.

Lesquels à 15,000 fr. l'un, prix moyen, font.	270,000 fr.
Somme à valoir pour indemnité.	30,000
Total, pour acquisition des terrains pour le chemin à une voie.	300,000 fr.

§ II.

TERRASSEMENS.

Le profil en travers du railway aura 4 mètres 50 centimètres de largeur en crête, les contrefossés auront 0 mètre 50 centimètres dans le fond, et 0 mètre 50 centimètres de profondeur; les talus seront réglés à 45 centimètres dans les déblais en terrain ordinaire, et à 1/5e de base pour 1 de hauteur dans le roc; les talus en remblai seront inclinés à 1 1/2 de base, pour 1 de hauteur.

D'après ces données le cube total des terrassemens à exécuter a été trouvé de 500,000 mètres.

Lesquels à raison de 2 fr. 50 c. l'un, prix moyen, font.	1,250,000 fr.
Plus value pour terrains à extraire à la poudre, tant dans le souterrain que dans les tranchées.	50,000
Total pour terrassemens.	1,300,000 fr

§ III.

ÉTAT GÉNÉRAL

DES

Travaux d'art à exécuter pour l'établissement du railway du Pecq à Poissy, par les fonds de Saint-Léger.

INDICATION.	DIMENSIONS PRINCIPALES des ouvrages d'art.						ESTIMATION.	
	Longueur.		Largeur.		Hauteur.			
	M.	C.	M.	C.	M.	C.	FR.	C.
1. Pont sur le Chemin formant la limite de la forêt du Vésinet, devant passer au-dessous du railway.	4	50	6	00	6	00	13,000	00
2. Grand pont sur la Seine devant donner passage au railway à deux voies, et être établi à 17 mètres 24 centimètres de hauteur moyenne au-dessus de l'étiage du fleuve, et à 12 mètres au-dessus du sol des berges.	163	00	7	50	17	24	650,000	00
3. Un petit aqueduc à établir sous le remblai du chemin de fer, pour donner passage aux eaux d'un fossé qui borde le chemin du Pecq à Marly, et qui sert de canal au moulin.	37	00	2	00	2	00	7,500	00
4. Un pont biais sur le chemin du Pecq à Marly, pour donner passage à ce chemin sous le grand remblai du railway.	37	00	8	00	6	00	47,000	00
5. Un grand escalier de 2 mètres de largeur sur 23 mètres 50 centimètres de longueur horizontale, devant être établi en pierre de taille sur le grand talus du rem-								
A REPORTER.							717,500	00

INDICATION.	DIMENSIONS PRINCIPALES des ouvrages d'art.						ESTIMATION.	
	Longueur.		Largeur.		Hauteur.			
	M.	C.	M.	C.	M.	C.	FR.	C.
REPORT.							717,500	00
blai, afin de faire communiquer le railway avec le petit bureau de la station du Pecq.	23	50	2	00	12	98	3,800	00
Les marches de cet escalier auront 32 centimètres de largeur et 17 centimètres de hauteur.								
6. Un petit aqueduc sous le petit remblai du railway au passage sur un égout venant de Saint-Germain, situé près les tanneries. . .	9	00	2	00	2	00	2,500	00
7. Un pont biais à 1 arcade sous la route royale de Paris à Saint-Germain par Rueil et Bougival.	36	00	4	00	4	50	25,000	00
8. Un petit pontceau sur le canal du Moulin, situé sur le ruisseau du Buzot à la rencontre de la rue des Fonds-de-l'Hôpital.	27	00	2	00	1	50	4,800	00
9. Un passage à barrière pour la rue des Fonds-de-l'Hôpital, devant être traversée de niveau par le railway	»	»	»	»	»	»	1,000	00
10. Un pontceau à construire sur le nouveau lit du ruisseau du Buzot, un peu avant le chemin de Saint-Germain à Fourqueux. . .	6	00	3	00	2	00	2,200	00
11. Un passage au-dessous pour communiquer entre les deux maisons.	4	50	3	00	3	30	2,500	00
12. Un passage à barrière pour le chemin de Saint-Germain à Fourqueux, devant être traversé de niveau par le railway.	»	»	»	»	»	»	1,000	00
À REPORTER.							760,300	00

INDICATION.	DIMENSIONS PRINCIPALES des ouvrages d'art.						ESTIMATION.	
	Longueur.		Largeur.		Hauteur.			
	M.	C.	M.	C.	M.	C.	F.	C.
REPORT.							760,300	00
13. Un ponteau à construire sur le nouveau lit du ruisseau du Buzot à l'extrémité et vers l'angle du mur de la propriété de M. Morin.	4	50	3	00	2	00	2,000	00
14. Une petite passerelle à 1 arcade pour donner passage à la ruelle de Nicot sur le railway. . .	5	00	4	50	4	50	6,500	00
15. Un petit ponteau pour donner écoulement aux eaux du Buzot, sous le remblai de la rampe, à gauche du pont sur la ruelle de Nicot.	11	00	3	00	2	00	3,500	00
16. Un mur de soutènement pour éviter la démolition d'une maison.	12	00	1	30	4	00	1,200	00
17. Un pont à 1 arcade pour donner passage à la ruelle de Bouvet, au-dessus du railway.	6	00	4	50	4	50	7,500	00
18. Un mur de soutènement pour éviter la démolition d'une maison.	24	00	1	30	4	50	2,500	00
19. Un pont à 1 arcade pour donner passage au-dessus du railway au chemin des fonds Saint-Léger.	6	00	4	50	4	50	6,500	00
20. Revêtement d'un souterrain de 490 mètres de longueur pour donner passage au railway sous les terrains élevés vis-à-vis la ferme d'Hennemont. Ce souterrain, devant être exécuté pour une voie, aura 4 mètres 50 centimètres								
A REPORTER.							790,000	00

INDICATION.	DIMENSIONS PRINCIPALES des ouvrages d'art.						ESTIMATION.	
	Longueur.		Largeur.		Hauteur.			
	M.	C.	M.	C.	M.	C.	FR.	C.
REPORT.							790,000	00
de largeur au niveau des rails, et 6 mètres de hauteur sous clé, revêtu sur 60 centimètres d'épaisseur partout où besoin sera, en maçonnerie de moëllon smillé, têtes en moëllon smillé et pierre de taille, grossièrement taillée; ci, pour revêtement et têtes y compris somme à valoir.	490	00	4	50	6	00	240,000	00
21. Trois puits, ayant ensemble.	95	00	1	50	»	»	12,500	00
22. Un pont pour la route Dauphine, rencontré à la porte d'Hennemont.	15	00	6	00	18	00	35,000	00
23. Un passage à barrière pour le chemin aux vaches, vis-à-vis la porte de la forêt de Saint-Germain, dite porte de Chambourcy.	»	»	»	»	»	»	1,000	00
24. Deux ponts à 1 arcade chaque, en bois de sapin, culées en maçonnerie, pour donner passage au-dessus du railway aux chemins aux bœufs et de Poissy à Chambourcy.	6	00	5	90	9	00	30,000	00
25. Un pont pour donner passage au-dessus du railway, au chemin de l'abbaye, allant de Poissy à Mignot.	9	50	6	00	5	00	15,000	00
26. Un ponteau sur le grand fossé qui borde la route longeant la Seine.	9	50	3	00	2	00	3,000	00
27. Un pont à deux arcades au-dessus du railway pour le chemin précité.	7	00	9	50	5	00	7,500	00
A REPORTER.							1,134.000	00

INDICATION.	DIMENSIONS PRINCIPALES des ouvrages d'art. Longueur.		Largeur.		Hauteur.		ESTIMATION.	
	M.	C.	M.	C.	M.	C.	FR.	C.
REPORT.							1,134,000	00
28. Un escalier destiné aux voyayeur arrivant ou partant par les bateau à vapeur.								
Longueur horizontale.	13	00	2	00	5	50	1,800	00
Les marches auront 16 centimètres de hauteur et seront au nombre de 35; elles auront 38 de largeur.								
29. Trois môles formant quai pour l'établissement des grues de déchargement.								
Ces môles auront chacun 13 mètres de saillie, sur 8 mètres de longueur et 9 mètres de hauteur, compris fondation.	»	»	»	»	»	»	60,000	00
CONSTRUCTION SIMPLE SANS PEINTURE NI DÉCORS des BATIMENS des STATIONS, MAGASINS ET BUREAUX.								
30. Bâtiment de la station de Saint-Germain dans les fonds de l'hôpital devant avoir un rez-de-								
A REPORTER.							1,195,800	00

INDICATION.	DIMENSIONS et surface des bâtimens. Longueur.		Largeur.		SURFACE.		ESTIMATION.	
	M.	C.	M.	C.	M.	C.	FR.	C.
REPORT.							1,195,800	00
chaussée et un étage au-dessus, à 100 fr. le mètre.	14	00	14	00	196	00	19,600	00
31. Bureau pour les bestiaux du marché de Poissy devant avoir un rez-de-chaussée et un petit étage au-dessus, à 100 francs le mètre.	10	00	10	00	100	00	10,000	00
32. Bâtiment à l'extrémité de la station, pour les bureaux de perception et salle d'attente, devant être construit en charpente et posé sur grillage.	40	00	12	00	480	00	70,000	00
33. Plus, deux escaliers pour communiquer avec le passage couvert et la rue de l'Abbaye. . . .	70	00	2	00	140	00	6,500	00
34. Petit bâtiment de la machine fixe devant avoir un rez-de-chaussée et un petit étage au-dessus pour loger le mécanicien.	6	00	6	00	36	00	3,600	00
35. Petit bâtiment à construire sur le port pour les bureaux nécessaires au service de ce port pour les marchandises et les voyageurs arrivant et partant par les bateaux à vapeur faisant le service de la Seine. Ce bâtiment devra être construit avec un rez-de-chaussée et étage au-dessus, à 100 francs le mètre.	20	00	10	00	200	00	20,000	00
36. Un passage couvert pour les voyageurs des bateaux à vapeur qui ne devraient pas remonter ou descendre le plan incliné dans les wagons. Ce passage sera construit								
A REPORTER.							1,325,500	00

INDICATION.	DIMENSIONS et surface des bâtimens. Longueur.		Largeur.		HAUTEUR.		ESTIMATION.	
	M.	C.	M.	C.	M.	C.	FR.	C.
REPORT.							1.325,500	00
en charpente très légère et en voliges, il sera recovert de zinc...	390	00	2	00	3	00	17,000	00
37. Petits hangards destinés à recouvrir les stations et à mettre les wagons à couvert; 1° pour la station de Saint-Germain et du Pecq, estimé 150 fr. le mètre courant...	100	00	4	00	5	00	15,000	00
38. 2° Pour la station de Poissy et pour Chambourcy, estimé d° . .	100	00	4	00	5	00	15,000	00
39. Trois grues ou débarcadères pour charger et décharger les bateaux de Seine.	»	»	»	»	»	»	15,000	00
TOTAL.							1.387,500	00
Cloturage du railway sur 18,000 mètres de longueur, à 1 fr. 50 c. l'un, font.							27,000	00
Déviation et rectification de chemins et ruisseaux, peintures et décors des bâtimens, travaux imprévus.							85,000	00
Total des travaux d'art de toute espèce. . . .							1,500,000	00

§ IV.

VOIE DE FER.

Détail du prix de revient d'un mètre linéaire de pose pour une seule voie.

Deux rails de 4 mètres 50 centimètres de longueur chaque, pesant ensemble 270 kilogrammes, à 42 fr. les 100 kilogrammes, font.		113 f.	40 c.
Deux coussinets doubles, pesant.	26 k°		
Six idem, simples.	60		
Ensemble	86 k° à 35 f. . .	30	10
Dix chevillettes, pesant. 3 k°, à 70 c.		2	10
Quatre traverses de chêne, à 8 fr.		32	»
Dix-huit coins en bois, à 90 fr. le mille.		1	62
Ajustement de dix coussinets à 0 fr. 14 c.		1	50
Total pour 4 mètres 50 centimètres.		180	72
Ce qui fait revenir le mètre à $\frac{180\ 72}{4\ 50}$.		40	16
Pose et bardage.		1	90
Dressement des rails courbés.		0	25
1 mètre 50 centimètres cube de sable à 4 fr..		6	»
		48	31
Faux frais.		1	69
Dépense totale par mètre.		50 f.	00 c.

ESTIMATION DE LA VOIE DE FER.

La longueur totale du railway, depuis son point d'embranchement sur celui de Paris au Pecq, dans la forêt du Vésinet, jusqu'à la Seine en amont de Poissy, est de.	8846 mètres.
De plus, la station de Saint-Germain devant recevoir deux voies, il faut encore ajouter pour la station et les croisières.	180 »
La première croisière avant la station de Poissy, la partie horizontale de 100 mètres le plan incliné, la partie horizontale de 92 mètres au pied de ce plan incliné, sont à deux voies et forment une longueur de.	742 »
La station horizontale du terre-plein, à droite du plan incliné, recevra trois voies formant ensemble un développement de.	605 »
Une voie de fer sera établie sur le port projeté le long de la Seine, sur 100 mètres de longueur, ci.	100 »
A ajouter 60 mètres pour les voies placées sous les débarcadères ou grues pour faire approcher les wagons jusqu'au bord du quai construit le long de la Seine.	60 »
Longueur totale, à deux cours de rails.	10,533 »

Lesquels 10533 mètres, à 50 fr. l'un, font.	526,650 f.
Somme à valoir pour plates-formes tournantes, jeux d'aiguilles, etc. . .	23,350
Total pour la voie de fer.	550,000 f.

RÉCAPITULATION.

Acquisition de terrains.	300,000 fr.
Terrassemens.	1,300,000
Ouvrages d'art.	1,500,000
Voie de fer.	550,000
Total pour travaux.	3,650,000
Matériel d'exploitation, ateliers de réparations et de constructions, etc. .	550,000
Frais d'administration et dépenses imprévues.	300.000
Total général.	4,500,000 fr.

Imprimerie de Félix MALTESTE et Cie, rue des Deux-Portes-Saint-Sauveur, 18.

www.ingramcontent.com/pod-product-compliance
Ingram Content Group UK Ltd.
Pitfield, Milton Keynes, MK11 3LW, UK
UKHW021531260726
13993UKWH00004B/1927